小小牛顿 科学启蒙 —大百科—

我会变魔术

牛顿出版股份有限公司 / 编著

超酷的科学实验

外语教学与研究出版社
北京

我会变魔术

魔术真神奇，我也要学魔术，表演给其他小朋友看。

看！我用一条皮筋，就能变魔术了。

叽里咕噜——变！

你怎么变的啊？

我也会变魔术，我的魔术才好玩呢！

嘛咪嘛咪，**变**!

好奇妙哦！

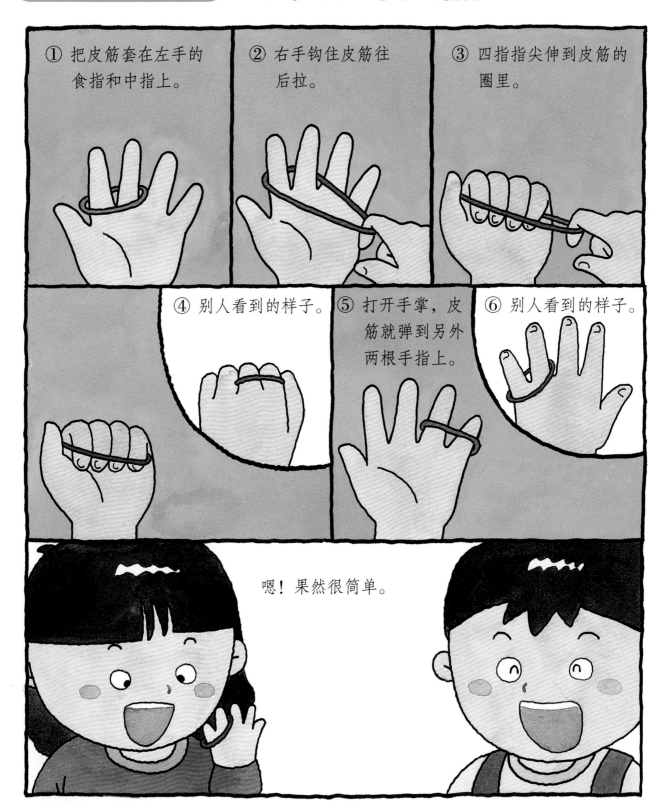

① 把皮筋套在左手的食指和中指上。

② 右手钩住皮筋往后拉。

③ 四指指尖伸到皮筋的圈里。

④ 别人看到的样子。

⑤ 打开手掌，皮筋就弹到另外两根手指上。

⑥ 别人看到的样子。

嗯！果然很简单。

我会变魔术 颜色变变变

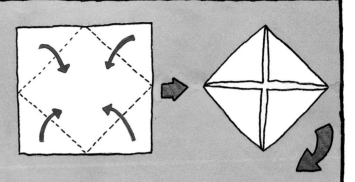

① 准备正方形的白纸，4个角往中心折。

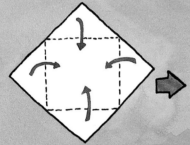

② 翻过来，同样把4个角往中心折。

③ 用色笔上色：在上、下涂红色，左、右涂绿色。

④ 撑开反面的4个小方块。

⑤ 两只手伸进去就可以玩了。

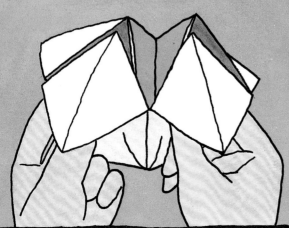

嘿！我也会变啦！

我的这条绳子才厉害，也可以变魔术哟！看——

绳子在手上绕个圈，绳子穿过来，穿过去……

厉害吧！我还有更精彩的呢！

再把手伸进来，用力一拉，绳子就松开了。

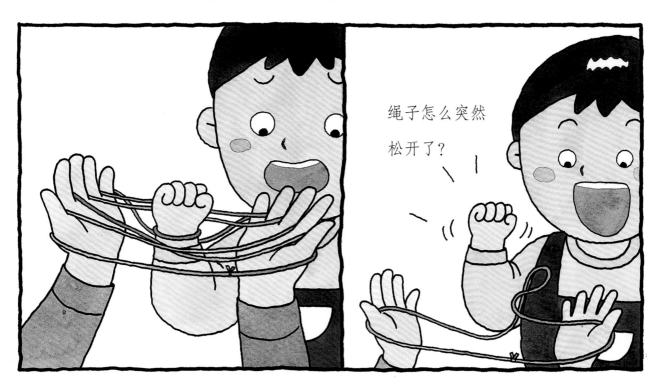

我会变魔术　神奇的绳子

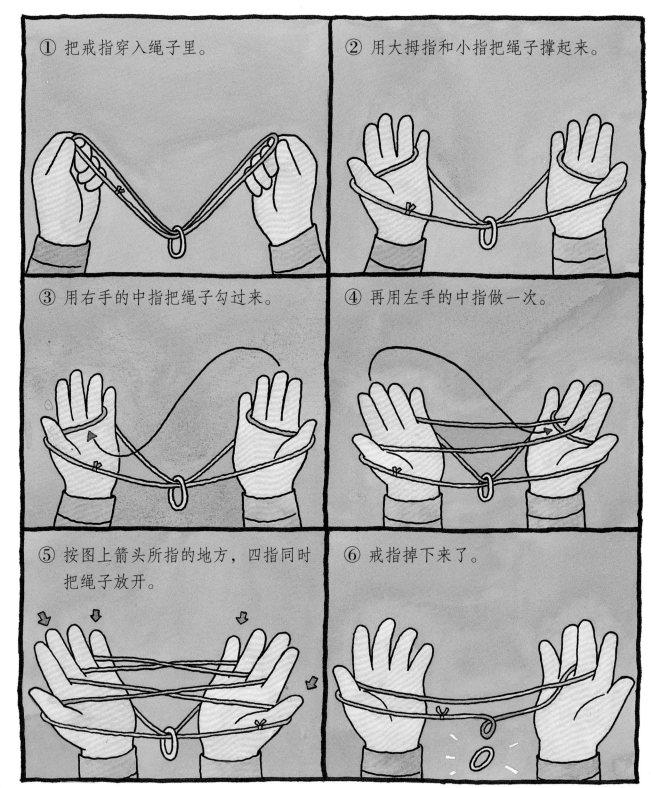

① 把戒指穿入绳子里。

② 用大拇指和小指把绳子撑起来。

③ 用右手的中指把绳子勾过来。

④ 再用左手的中指做一次。

⑤ 按图上箭头所指的地方，四指同时把绳子放开。

⑥ 戒指掉下来了。

这都不算什么，我能让硬币消失哦！

看清楚啦！

来来来！我请大家吃糖。

魔术才不是骗人的游戏，我给你们变一个。

嗯？要怎么变呀？

乒乓球跳起来，

跳！

我会变魔术 硬币不见了

秘密就在这里!

做法

① 找出一张与桌面同色的纸（或把纸垫在桌上），画一个与杯口同样大小的圆形。

② 剪下来贴在杯口。

胶水

用手帕盖住杯子，再把它盖在硬币上面。

大家以为硬币不见了，其实硬币一直在原位。

我会变魔术　糖果在哪里

我会变魔术 听话的乒乓球

要准备的道具：

漏斗

脸盆   乒乓球   水

① 将乒乓球放到漏斗口与管子相连接的地方，压一压，上面倒满水。

② 接着，用手指顶住漏斗的出水口，然后轻按一下，乒乓球就会跳出水面了。

按压漏斗出水口，挤出里面的空气，乒乓球就跟着空气跳出水面了。

哎哟！

这个厉害吧！

"你的魔术很好玩，我也想学！"
"没问题，我教你们。"

原来变魔术并不难，只要知道诀窍，多加练习，你也可以是超级魔术师！

给父母的悄悄话：

  魔术总是会给人带来很多意想不到的惊喜，让人在惊叹的同时，百思不得其解。这项老少咸宜的娱乐，虽然看似简单，但背后有不少诀窍和科学原理。本书中介绍的魔术大多比较简单，是孩子们稍加练习就可以掌握的。请父母也参与其中，与孩子一起玩，这样的互动既可以锻炼孩子的观察能力，也有助于他们逻辑思维的提升，是很不错的亲子活动哦！

奇妙的镜子

　　小朋友照镜子，可以从镜子中看到自己。想想看，镜子里和镜子外的东西，有什么不一样呢？

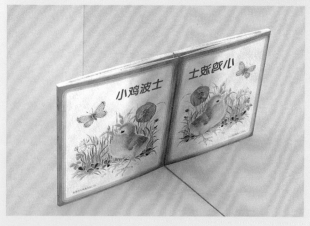

阿宝哥要教小朋友利用镜子玩有趣的镜子游戏。试试看，把镜子放在黑线上，可以看到很多有趣的娃娃哦！

镜子可以反射影像，把镜子放在不同的黑线上，看到的影像也会不一样。

我们把小熊放在两面镜子中间，再调整两面镜子之间的角度，镜子里会出现什么变化呢？赶快动手试试看吧！

把两面镜子间的夹角调成90度，请问，你会看到几只小熊呢？请从下图中选出答案。（答案在第26页）

 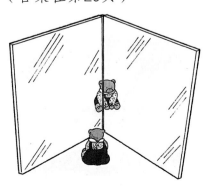 

 试试看，把兔子玩偶放在两面镜子的中间，透过镜子的反射，是不是可以看到很多玩偶呢？

从其中一面镜子看过去，就能看到许多玩偶影像。因为除了玩偶本身的影像出现在镜子里，镜子里的玩偶影像，也会被镜子反射出来，形成更多影像。

答案：4只小熊。

 你还可以慢慢缩小两面镜子之间的角度，角度越小，镜子中小熊的数量就越多。

利用3面镜子做成的万花筒

万花筒里的花花世界，看起来美丽极了！万花筒里装的那些小装饰品通过3面镜子的不断反射，一边旋转，一边发生着各种奇妙的变化，反射出各种不可思议的影像。

动物的睡姿

　　动物睡觉的姿势很特别。斑马、长颈鹿和大象喜欢站着睡觉，因为站着睡可以在遇到危险的时候立刻逃跑。

斑马会一匹紧靠着另一匹睡觉，只要一匹斑马发现危险，身体一动，其他斑马也会被惊醒。

我一天也就睡两小时！

长颈鹿的腿很长，坐下去和站起来都很不方便，为了保持警戒，它们大多站着睡觉，只有非常安全的时候，才会跪坐下来睡觉。

28

生活在非洲草原的大象也是站着睡觉，它们常常靠着树干睡，小象则靠在妈妈身边睡觉。只有在非常安全的情况下，大象才会趴下来睡觉。

这些动物睡觉时间都不长，这样才能降低被敌人攻击的风险。

放松睡大觉

　　狮子、花豹、熊这些凶猛的动物，不担心睡觉时会被敌人攻击，所以它们经常懒懒地趴着或躺着睡觉，而且一吃饱就睡，睡觉时间也很长。

狮子吃饱后能睡20个小时，以减少体力消耗。

花豹一般都在树上活动，所以睡觉的时候也喜欢趴在树杈上。

棕熊也趴着睡觉，而且冬天的
时候会进行长达半年的冬眠，
以减少体能的消耗。

奇特的睡姿

有些动物睡觉的样子仿佛是在表演特技，例如：河马可以在水里睡觉，火烈鸟可以单脚站着睡，蝙蝠还能倒挂着身子睡……不得不说，它们的睡姿都太特别啦！

河马也会在陆地上睡觉，睡觉时喜欢把头靠在同伴的背上。

河马大部分时间都喜欢泡在水里，因为它的鼻孔可以自动关闭，所以就算是在水里睡大觉也不会被呛着，只要偶尔回水面上换换气就行。

火烈鸟的睡姿也非常奇特，它们会将头搭在后背上，然后单腿站立着睡觉。

蝙蝠可以用尖尖的钩爪抓住树枝和岩壁，倒吊着睡觉。万一遇到危险，它们能迅速展开翼膜起飞。

我们在地面上只能趴着，很难拍动翼膜起飞，倒挂着反而更方便展开翼膜逃跑。

东西不见了

小伦发现玩具熊不见了，她该怎么办呢？

一定不会凭空消失，我找找看。

请妈妈再买个新的。

请爸爸妈妈一起帮忙找。

给父母的悄悄话：

　　大家应该或多或少都有过"找不到东西"的经历，有的人非常执着、恋旧，非要找到不可；有的人有"旧的不去、新的不来"的想法，于是找不到就算了，再买新的；有的人依赖性比较强，可能会找帮手一起来寻找。每种反应，都有其特点。当孩子们发生类似的情况时，请家长们做好引导，并一起讨论哪种形式最合理。不过，最重要的是，平时要教会孩子做好收纳整理，并且养成"从哪儿拿就放哪儿去"的好习惯，以此来减少不必要的寻找和烦恼。

鸵鸟找爸爸

鸵鸟三兄弟和妈妈住在大草原上。三兄弟已经很久没有看到爸爸了，甚至都快忘了爸爸的模样，它们决定一起出去找爸爸。

　　出发前，三兄弟跑去问妈妈："妈妈，爸爸到底长什么样子啊？"

　　妈妈说："爸爸的眼睛很大，可以看得很远；脖子很长，可以吃到树上的叶子；腿很强壮，跑起来可快了！"

三兄弟走啊走，遇到了猫头鹰。

大哥高兴地说："眼睛这么大，您一定是我们的爸爸！"

猫头鹰皱着眉说："不是，不是，你们爸爸的脖子比我的长。"

　　三兄弟继续往前走，走到树林里，看到长颈鹿在吃树上的叶子，二哥大叫着说："脖子这么长，您一定是我们的爸爸。"

　　长颈鹿低下头说："不是，不是，你们的爸爸跑得比我快多了。"

　　三兄弟失望地继续往前走。

又过了好几天，三兄弟在草原上遇到了大象。

小弟兴奋地跑过去说："腿这么粗，一定很强壮，是爸爸，您一定是我们的爸爸。"

大象摇着长鼻子说："不是，不是，你们爸爸的腿又细又长，能跑得很快。"

　　三兄弟继续往前走，最后，来到一棵大树下。它们一抬头，看到一只大眼睛、长脖子、细长腿的鸵鸟在树上。

　　它们一起叫着："大眼睛、长脖子、细长腿，您一定是我们的爸爸。可是，您在树上做什么呢？"

树上的鸵鸟说："我确实是你们的爸爸，之前跟朋友比赛跳高，一下子就跳到了这棵树上，结果把脚扭伤了。但树有点高，我本来打算等伤好一些再跳下去。"

三兄弟想了想说："爸爸，我们有办法了。"

它们一个踩着一个的背，高高地叠在一起，成功地把爸爸救了下来。

枕头

枕头轻轻，
枕头小小，
枕头等我去睡觉。
枕头软软，
枕头香香，
枕头陪我到梦乡。

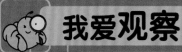

好忙好忙的沙泥蜂妈妈

沙泥蜂妈妈是一位好妈妈。它会在沙地里为还没出生的小宝宝挖个安全的地洞，并且到处抓虫，用它尾部的螯针，把毛虫麻痹，存放到小宝宝住的洞穴中。等小宝宝从卵里孵出来，就可以吃这些小毛虫，一点也不用担心没食物吃。